物理学実験の実践ノート

― 基本8テーマの作図と「学びの記録」―

沢田　功
遠藤 友樹
中島 香織

電気書院

なぜ実験をするのか？

　この問いに「先生からやれと言われているので実験をします」や「テストに出るから実験をします」と答えるあなたは正直である。私たち3名も同じように思ったことが確かにある。

　しかし、正直な気持ちだけでは未知の出来事に対処し、ものづくりに必要な底力を養うことはできない。あなたには目の前で起きている現象をじっくりと観察し、また自分で計算したりグラフを描いたりして、向上心をもってほしい。あるいは、1年生で習ったけれど理解できずにいた時のもやもや感をすっきりさせたり、数学的な規則性に納得したりしてほしい。そうすると、ゲーム感覚とは違う、物理の面白みを味わえると思う。実験の時間で「物理の味わい」にはまれば、あなたの底力がゆっくりと育つはずである。

　あなたが1年生から学んできている物理学は「古典」物理学といわれている。ということは、実験する題材はすでに解明された古いものであるから、あなたは平成の物理学者が目指すような一大発見をすることはない。しかし、「ああでもない、こうでもない」とあなた自身が達成感や充実感を持ちながら、何かを発見してほしい。たとえ私たち3名にとっては古く小さな再発見であっても、その歩みが勉強そのものであるから、あなたには発見の経験をしてほしい。

　底力があり、発見の経験があれば、あなたは時代の変遷を泳ぎきるだろう。昭和生まれの私たち3名は右肩上がりの日本経済を経験しているが、あなたが生まれた平成の日本では多くの人は好景気を知らない。今を生きているあなたも私たち3名も地道な歩みをこつこつと続けてこそ、気がつけば上り坂を登っているというものである。一つひとつの実験を積み上げながら、時代に書き加えられる発見や誰も成しえなかった工夫の「はじめの一歩」を踏み出そう。

　科学の基礎を固める適齢期は今である。

2014年3月　　沢田　功、遠藤友樹、中島香織

目次

題目	ページ
（A） なぜ実験をするのか？	1
（B） どのように実験をするのか？	5

（前半）

（1） 自由落下運動	6
（2） 固体の比熱	10
（3） 運動量保存の法則	14
（4） 等速円運動と向心力	18

（後半）

（5） ボルダの振り子	22
（6） 気柱の共鳴	26
（7） 凸レンズの焦点距離	30
（8） AC周波数（メルデの実験）	34

（C） 「学びの記録」の導入経緯と実践報告	39
（D） グラフ用紙（ミシン目付8枚）	49

どのように実験をするのか？

　小さな勘違いや失敗、事故は繰り返しても取り返しがつくが、下記の点に注意し、大きな勘違いや失敗、事故のないように実験してほしい。

（1）その日の実験内容を思い描きながら、ゆっくりと実験室へ向かう。
　↓
（2）実験器具の破損や身の転倒を防ぐため、服装を正して入室する。
　↓
（3）高価な物品もあるので、事前の口頭説明終了まで実験器具に触れない。
　↓
（4）「だから言うたやん！」と言われぬよう、事前の口頭説明を黙って聞く。
　↓
（5）実験中に質問は受け付けるが、不明な点はあらかじめ明らかにする。
　↓
（6）共同実験者と役割分担を決めてから、実験を開始する。
　↓
（7）けがや事故を防ぐため、整理整頓し、実験器具が壊れれば報告する。
　↓
（8）「アゲイン！」（やり直し）と言われても、データをねつ造しない。
　↓
（9）データを解析して課題をこなす。
　↓
（10）実験担当者の質問に受け答えし、実験書に合格サインをもらう。
　↓
（11）技術者なのだから、入室した時よりも実験台を美しくして退室する。

　所要時間 90 分以内に実験を終えることは、納期を守って製品を仕上げるなどの常識に通じる。90 分以上かかる場合には、昼休みや放課後に担当者と共に臨むこと。上記の注意点を心に留め、技術者の素養を積んでほしい。

自由落下運動

　ボールを落とすと下に動いていくが、そのボールにあなたが乗っていると想像すれば、自分が下に行くというより、床がこちらに近づいてくると思えるだろう。ならば、落下とはボールと床がお互いに引き合って距離を縮めていく現象だと思えばよい。ちなみに、自由落下の「自由」とは空気抵抗から自由という意味である。

　しかし、ボールではなく、地球に乗って、ボールを見下ろす立場に立とう。そのとき、ボールは一定の速さで床までの距離を縮めるのではなく、一定の割合で速さを増しながら、床までの距離を縮めていることを発見してほしい。一直線上を真下に、もし 1 s（秒）経過するごとにボールが 1 m/s（メートル毎秒）だけ速くなれば、**加速度の大きさ**は 1 m/s²（メートル毎秒毎秒）であると決める。

　自由落下している質量 m [kg]のボールの加速度、つまり重力加速度 g [m/s²]の大きさは、ボールと地球が互いに引き合う力、万有引力の大きさ f [N（ニュートン）]から求めることができる。

$$f = G \times \frac{Mm}{r^2}$$

ここで、地球の質量を M [kg]、万有引力定数を G [Nm²/kg²]、地球の中心とボールの中心との距離を r [m]とおいている。地球の半径 R は約 6400 km もあるのに対して、地球表面からボールの中心までは、大空を飛ぶ飛行機の中でも約 10 km である。ならば、私たちが生活する地表の現象での重力の大きさは $r \approx R$ としてよいので、次式を得る。

$$f = G \times \frac{Mm}{R^2}$$

　上の式を質量 m [kg]のボールの**運動方程式（エフ イコール エムエー）**と思い、重力加速度の大きさを a ではなく g と書くと、g は地球の大きさや質量で表現できる。

$$g = \frac{GM}{R^2}$$

　この大きさが約 9.8 m/s² であることを落下現象から発見してみよう。尚、ボルダの振り子の実験からもこの g の大きさが求まることに注意しよう。左右にのみ振れているように見える振り子は、実際に上下運動がすこしだけ混ざって落下しているから、g の大きさが求まるのである。

学びの記録

　この実験をすることによって、あなたが共同実験者の友人と相談したこと、「へー、こうなってるのか」と心の中でつぶやきながら発見したこと、そして、「んー、そうなのか」と考えながら賢くなっていったことなど、感想も含めて200字以上で学びの記録を残すこと。

自由落下運動

組　　番　氏名　　　　　　共同実験者

実験日　　　天候　　　気温　　　気圧　　　湿度

【目的】
小石などの物体の落下運動では、速さはどのように変化するのだろうか。自由落下運動をするおもりの位置の時間的変化を測定することにより、速度 v と時刻 t の関係，位置 y と時刻 t の関係がどのようになっているかを調べる。

【測定方法】
① 右図のように、スタンドに固定した記録タイマーの▼印から記録テープを挿入し、下端にクリップとおもりを取り付ける。
② 記録テープをしっかり持って POWER スイッチを ON にし、手を離しておもりを落下させる。

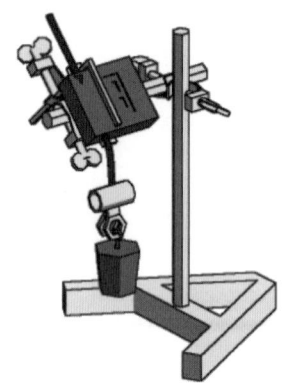

テープが滑ってクリップが外れないように各自で工夫すること。

周波数切替が西日本では 60 Hz になっていることを確認する。

【データ処理】
① 記録テープの打点の基準になる点を見つけ、基準点（0）とする。
② 基準点から 2 打点（1/30 秒）ごとに番号をつける。
③ 基準点からの距離：$y_1, y_2, \cdots y_8$ を測定し、表に記入する。

記録タイマーは 1 秒間に 60 回、等しい時間間隔でテープに点を打って運動を記録している。

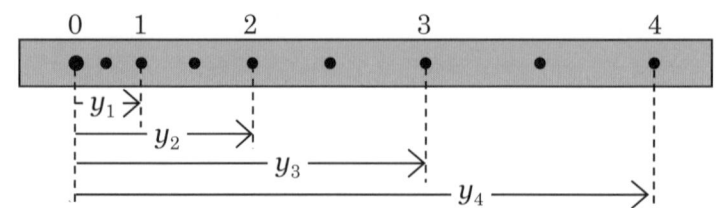

POWER スイッチを ON にしてから手を離すまでにテープの同じところに打点される。そのため基準点（0）は他の点より大きくなるのでそれを目安にするとよい。

④ 1/30 秒ごとの落下距離[m]および平均の速さ $\bar{v}$ [m/s]を求める。
⑤ 平均の速さの変化 $\triangle \bar{v}$ [m/s]および平均の加速度 $\bar{g}$ [m/s²]を求める。
⑥ このデータを使って、$\bar{v} - t$ グラフおよび $y - T (= t^2)$ グラフを描く。

【測定結果】

t [s]	y [m]	1/30秒間の落下距離[m]	$\bar{v}$ [m/s]	1/30秒間の $\triangle\bar{v}$ [m/s]	$\bar{g}$ [m/s²]	t^2 [s²]
0						
1/30						0.0011
2/30						0.0044
3/30						0.0100
4/30						0.0178
5/30						0.0278
6/30						0.0400
7/30						0.0544
8/30						0.0711

固体の比熱

　地球には現在、100 種類を越える元素が存在しており、単独で存在できている単体をはじめ、化合物を含めた物質の性質、つまり**物性**の研究が行われている。

　電気を流しやすいか流しにくいかという電気伝導性、表面に静電気を起こしやすいか起こしにくいかという誘電性、磁石に付くか付かないかという磁性、熱を与えたときにその熱を伝えやすいか伝えにくいかという熱伝導性などの多くの物性が調べられている。それらの物性を活かした、物質の応用そのものが日常生活を便利にしていると言ってよい。

　その物性の一つ、比熱について体験してほしい。**比熱とは 1 g（グラム）の物質の温度を 1 K（ケルビン）だけ上げるために必要なエネルギー**のことで、通常、c [J/(g·K)]と表す。例えば、水の比熱を 4.2 J/(g·K)とすると、30 ℃の水 50 g を 50 ℃にするのに必要なエネルギー（熱量）は

（　　　　　×　　　　　×　　　　　＝　　　　　）J となる。

　水のように比熱が 4.2 J/(g·K)と大きければ、多くのエネルギーを与えないと温度が上がらないのだから温めにくいし、多くのエネルギーを奪わないと温度が下がらないのだから冷めにくい。金属のように比熱が 1 J/(g·K)もなくて小さければ、少しのエネルギーを与えるだけで温度が上がるのだから温めやすく、少しのエネルギーを奪うだけで温度が下がるのだから冷めやすい。金属の中でも比熱に大小があり、その違いは金属を構成する原子の種類の違いからきている。

　ここで、K（ケルビン）について説明しよう。日常生活では温度は℃で表している。温度に上限はないのだが、実は下限がある。温度はいくらでも上げることはできても、もうこれ以上温度は下がらないという限界があるのだ。その温度は約-273 ℃であり、その温度を絶対零度、つまり 0 K と決めた。例えば、部屋の「温度25 ℃」は 25 + 273 を計算して、部屋の「絶対温度298 K」ということになる。

　また、温度を 1 K（ケルビン）上げるといっても、何度から 1 K だけ上げるかによって、必要なエネルギー（熱量）は変わる。しかし、室温程度では大抵の物質の比熱はほぼ一定とみなしてよいことがわかっている。

学びの記録

この実験をすることによって、あなたが共同実験者の友人と相談したこと、「へー、こうなってるのか」と心の中でつぶやきながら発見したこと、そして、「んー、そうなのか」と考えながら賢くなっていったことなど、感想も含めて200字以上で学びの記録を残すこと。

固体の比熱

| 組　　番　氏名　　　　　　共同実験者 |

実験日　　　　　天候　　　　気温　　　　気圧　　　　湿度

【目的】
　物質 1 g の温度を 1 K 上昇させるのに必要な熱量を、その物質の比熱という。熱量の保存の関係から試料の比熱 c [J/(g·K)] を求める。

【測定方法】
① 試料，水，容器と撹拌（かくはん）器の質量を測定する。

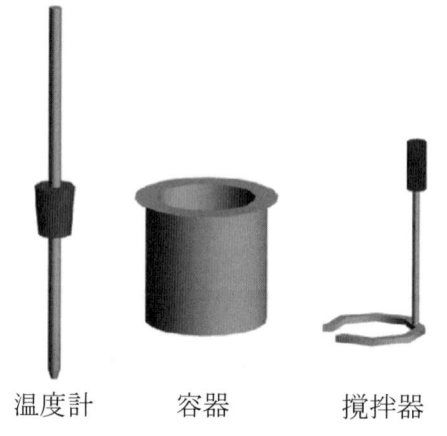

温度計　　容器　　　　撹拌器

② 水の入ったビーカー内に試料を吊るし、電熱器で加熱しながら温度を測定する。

③ 温度が一定になったら、試料の温度として水温を記録し、試料をすみやかに熱量計内に入れ、静かに撹拌しながら温度変化を測定する。

容器と撹拌器は銅製である。

水全体が均等な温度になるように撹拌器で混ぜること。
その際、質量を測った水を少しも失うことのないように慎重に撹拌する。

【測定結果】
　(ア) 質量の測定

回	試料 [ ]	撹拌器 [ ]	容器 [ ]	水と容器 [ ]	水 [ ]
1					
2					
3					
4					
5					
平均					

(イ) 熱量計内の水の温度変化

時間[秒]	温度[℃]	時間[秒]	温度[℃]
0(試料を入れる時)		60	
10		70	
20		80	
30		90	
40		100	
50			

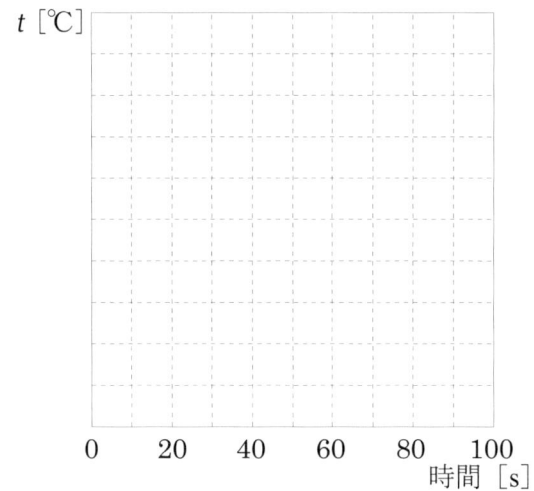

(ウ) 以下の表を埋めて、試料の比熱を有効数字2桁まで求めよ。

	質量[ ]	比熱[ ]	混合前の温度 [ ]	混合後の温度 [ ]
試料		c		
水				
容器と撹拌器				

試料が失った熱量＝

水，容器，撹拌器が得た熱量＝

　　　　　　　　　　　＋

① 試料の比熱 c を求めよ。

② 次の物質の比熱[J/(g・K)]を調べよ。(参考文献　　　　　　　　　　　　p.　　)
　　金　　　　　黄銅　　　　　アルミニウム　　　　　鉄
　　銅　　　　　空気　　　　　コンクリート

③ 試料の材質は何であると考えられるか、根拠とともに述べよ。

④ 求めた比熱が文献値からずれる理由を考察せよ。

―13―

運動量保存の法則

　ボールが同じ速度で運動していても、ボールの大きさによって、グラブで受け止めたり、バットで打ったりするときの力の込め方は違ってくる。そこで、ボールの質量と速度を同時に扱うために、それらの積を**運動量**として決める。

　ビリヤードやカーリングのように、複数のボールが相互に運動しながら途中で衝突したり、打ち上げ花火のように一つの火薬が幾百もの小さな火薬に分裂したりするときには、この運動量というベクトルが運動の様子を記述することになる。

　運動方程式を変形することで運動量はごく自然に導き出せる。観察している物体間だけで力が働く、つまり**内力**が働き合えば、運動量保存の法則が成立する。**運動量保存**とは、衝突や分裂の前後で運動量の分け方は異なるが、その運動量の和は同じであると理解できる。例えば、$1 + 9 = 4 + 6 = 10$ というように理解してほしい。この法則が実際に成立するのか確かめると同時に、運動方程式の幅広い応用を体験してほしい。

　質量 m [kg]の物体が速度 $\vec{v}_{前}$ [m/s]で、質量 M [kg]の物体が速度 $\vec{V}_{前}$ [m/s]でお互いに衝突し、質量 m [kg]の物体が速度 $\vec{v}_{後}$ [m/s]に、質量 M [kg]の物体が速度 $\vec{V}_{後}$ [m/s]になった。このときの運動量保存の法則の**イメージ図**を下に描いてみよ。

　運動量は大きさと方向を持ったベクトルであるので、数学で習ったベクトルの成分表示が大切になる。

学びの記録

　この実験をすることによって、あなたが共同実験者の友人と相談したこと、「へー、こうなってるのか」と心の中でつぶやきながら発見したこと、そして、「んー、そうなのか」と考えながら賢くなっていったことなど、感想も含めて200字以上で学びの記録を残すこと。

運動量保存の法則

組　　番　氏名　　　　　　共同実験者

実験日　　　　天候　　　気温　　　気圧　　　湿度

【目的】
質量がわかっている2台の台車を衝突させて、衝突の直前直後での台車の速さの変化から、台車の速さの変化にどのような関係があるかを調べる。

【原理】
質量 m_A，速さ V_A の台車 A を質量 m_B，速さ V_B の台車 B に衝突させるとき、運動量の和は衝突前後で一定である。

$$m_A V_A + m_B V_B = m_A V'_A + m_B V'_B$$

この実験では、台車 A を $V_A = V_0$ で動かして、静止している台車 B ($V_B = 0$) に衝突させると、台車 A, B が合体して V で動くように台車に両面テープを貼っている。したがって、$m_A V_0 = (m_A + m_B) V$ とすることができる。

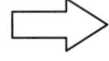

$V_A = V_0$　　$V_B = 0$　　　　　　　V

【測定方法】
質量 1.0 kg の台車 A，B，おもりを用いる。

測定① 静止している台車 B に台車 A を V_0 の速さで衝突させ、衝突直前の速さ V_0 と衝突直後の速さ V を測定する。

測定② 静止している台車 B におもり 1.0 kg を載せることにより、台車 B の質量を 2.0 kg にして同様に測定する。

測定③ 台車 A におもり 1.0 kg を載せることにより、台車 A の質量を 2.0 kg にして同様に測定する。

測定④ 質量 1.0 kg の台車 A を速さ V_0 で走らせ、途中で砂袋 0.5 kg を載せた後の速さ V を測定する。但し、測定の前に砂袋の乗せ方を検討し、V/V_0 の値がどれくらいになるか予測せよ。

【データ処理】
V-V_0 グラフを描き、表にグラフの傾きを有効数字2桁で記入する。

測定①〜③すべてにおいて、$1.5 < V_0 < 3.5$ になるデータをうまくばらつくように5回取ること。

【測定結果】

測定①	$m_A = 1.0$ kg $m_B = 1.0$ kg	$m_A + m_B =$	kg
	V_0 [km/h]	V [km/h]	V/V_0
1			
2			
3			
4			
5			
	グラフのプロットマーク：△		
	$V =$	V_0	

測定②	$m_A = 1.0$ kg $m_B = 2.0$ kg	$m_A + m_B =$	kg
	V_0 [km/h]	V [km/h]	V/V_0
1			
2			
3			
4			
5			
	グラフのプロットマーク：○		
	$V =$	V_0	

測定③	$m_A = 2.0$ kg $m_B = 1.0$ kg	$m_A + m_B =$	kg
	V_0 [km/h]	V [km/h]	V/V_0
1			
2			
3			
4			
5			
	グラフのプロットマーク：●		
	$V =$	V_0	

測定④	台車 1.0 kg 砂袋 0.5 kg	予想 $V =$	V_0
	V_0 [km/h]	V [km/h]	V/V_0
1			
2			
3			
4			
5			

等速円運動と向心力

　地球がボールを引っ張っているからボールが地面に落ちていくのだが、引っ張ったからといっていつも落ちるのだろうか？　実はそうではない。親が子の両手をぐいと握り締めて親の周りを子がぐるぐる回っている状況を思い浮かべよう。その時、親は子を引っ張っているはずである。とすると、引っ張れば回るのだから、回るためには引っ張る力、つまり**向心力**（中心を向く力）が必要になる。

　糸で手とボールをつなぎ、糸をピンと張ってボールを何回転もさせているとき、糸を通じて手はボールを引っ張っている。回転運動を考えるとき、いつもぐるぐる回っていなくともよい。Uターンする自動車は半回転（180°回転）しているし、ノートに立てていたのに倒れる鉛筆は 1/4 回転（90°回転）している。したがって、カーブを曲がっている自転車も回転運動しているのだから、地面が引っ張る力が自転車に向心力としてかかっていることになる。

　長さ r [m]の糸の一端に質量 m [kg]のボールをつけて、糸をぴんと張りながら、1周当たり同じ時間 T [s]をかけて水平面内をくるくると回す。この時のボールの回転するスピード、つまり速さ v [m/s]は

$$v = \frac{2\pi r}{T} = r\omega, \qquad \omega = \frac{2\pi}{T}$$

と一定である。しかし、進もうとする方向は時々刻々と変化しているため、ボールの速度 $\vec{v}$ [m/s]こそが時々刻々と変化している。したがって、**等速円運動は加速度運動である**と言える。加速度 $\vec{a}$ [m/s²]の向きは常に円の中心を向き、大きさは次式で与えられる。

$$a = r\omega^2 = \frac{v^2}{r} = \frac{4\pi^2 r}{T^2}$$

　以上のことを実験で確かめてみよう。**運動方程式（エフ イコール エムエー）**はすべての運動に応用できるので、等速円運動の加速度に質量をかけて、向心力の大きさを求めよう。1年生で習った数学の幾何学を利用して、計算した加速度が正しいことを実感してほしい。

　さて、速度＝速さ＋方向であったので、「加速度とは速さが増していく加速の度合い」と理解していては等速円運動を理解できない。方向のことも考えに入れることが大切なので、漢字3文字の加速度は「速度を加える」と理解するほうがよい。

学びの記録

　この実験をすることによって、あなたが共同実験者の友人と相談したこと、「へー、こうなってるのか」と心の中でつぶやきながら発見したこと、そして、「んー、そうなのか」と考えながら賢くなっていったことなど、感想も含めて200字以上で学びの記録を残すこと。

等速円運動と向心力

組　　番　氏名　　　　　　共同実験者

実験日　　　　天候　　　　気温　　　　気圧　　　　湿度

【目的】
物体が水平な円を描いて一定の速さで円運動をするとき、質点に働いている向心力の大きさが、円の半径に比例し、周期の2乗に反比例することを確かめる。

【測定方法】
半径が一定の場合、力が一定の場合の2種類の方法で測定を行う。

① $r=$ 一定の場合
　回転半径を $r=80$ cm に保ち、おもり（ナット）の数を 2, 3, 4, 5 個と順次変えて、10回転の回転時間 $10T$ をそれぞれ5回ずつ測定し、その平均値を計算する。

② $F=$ 一定の場合
　おもり（ナット）の数を3個に固定し、半径 $r=40, 60, 100$ cm と順次変えて、10回転の回転時間 $10T$ をそれぞれ5回ずつ測定し、その平均値を計算する。

③ ①, ②より下のようなグラフを作成する。

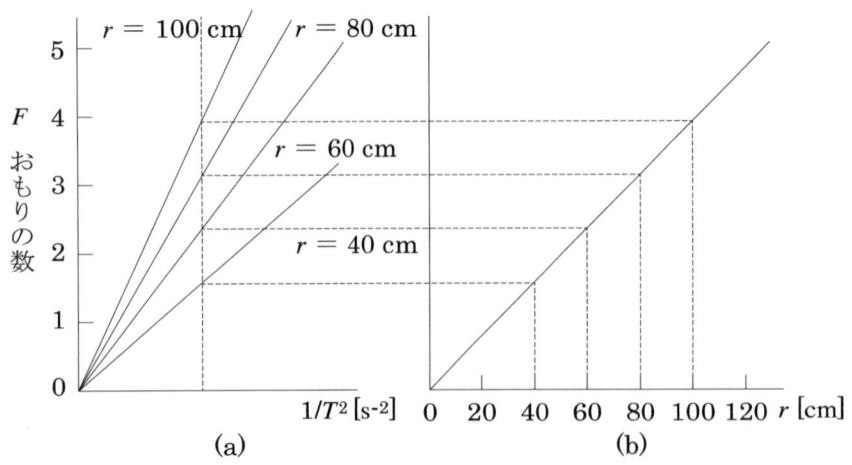

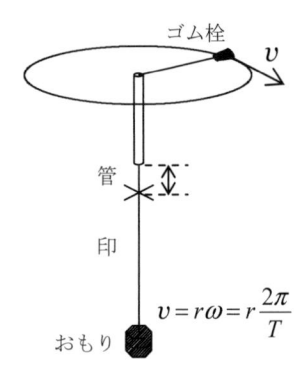

管と印の間に一定の間隔をあけて回転させるとき等速円運動となる。

(a)について
r が一定のとき、F が $1/T^2$ に比例することを確かめるために、横軸に $1/T^2$、縦軸におもりの数 F をとり、グラフ(a)を描く。

(b)について
T が一定のとき、F と r が比例することを確かめるために、横軸に r、縦軸におもりの数 F をとる。先に描いたグラフ(a)の $1/T^2$ のある値の場所で縦軸に平行な線を引く。グラフとの交点の値をグラフ(b)に移して描く。

【測定結果】

$r=80$ cm	10回転の回転時間 $10T$ [s]			
	おもりの数			
	2個	3個	4個	5個
1				
2				
3				
4				
5				
$10T$の平均				
T				
$1/T^2$				

—20—

おもりの数 3個	10回転の回転時間 10T [s]		
	半径 r		
	40 cm	60 cm	100 cm
1			
2			
3			
4			
5			
10Tの平均			
T			
1/T²			

	おもり3個の質量 M [g]
1	
2	
3	
4	
5	
平均	

① 右のグラフからわかることを文章で述べよ。

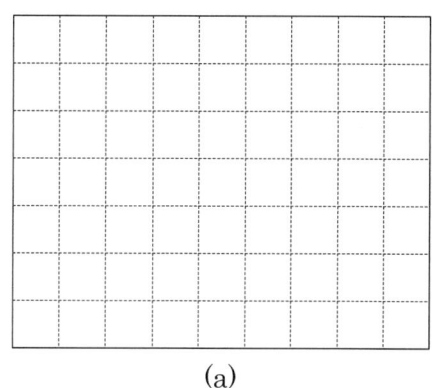
(a)

(b)

② $r = 80$ cm，おもりの数3個の場合について

(ア) 円運動の速さ v を計算せよ。

(イ) $a = \dfrac{v^2}{r}$ により、向心加速度の大きさを求めよ。

(ウ) おもり3個の質量 M を計測し、向心力の大きさを求めよ。

(エ) (イ)，(ウ)より、ゴム栓の質量 m を計算せよ。

ボルダの振り子

　半径が約 6400 km の地球は、地軸の周りに自転し、北極と南極はその軸の先端にある。日本は北緯 35 度付近に位置し、回転軸までの距離約 5200 km で回っている。地球に乗って落下物を見ると遠心力が働くので、落下物に働く**重力＝万有引力＋遠心力**となる。遠心力が場所によって違うため、北極や南極での重力、日本での重力、赤道での重力は異なる。回転軸から遠いところほど強い遠心力が生じるので、極での重力加速度が 9.832 m/s² なのに対して、赤道上での重力は 9.780 m/s² である。そうすると赤道上で一番高い山、エクアドルのアンデス山脈にある標高 6767 m のチンボラソ山では、重力加速度が一番小さいことになる。極と赤道上で体重を測った場合、1 ％くらい異なって測定されるわけである。

　重力加速度は約 9.8 m/s² だが、各都市での値をより正確に測定してみよう。高松市では 9.79699 m/s² である。振り子の周期を T、糸の長さを ℓ とすると、重力加速度 g は

$$g = \frac{4\pi^2 \ell}{T^2} \quad \cdots (\ast)$$

と表せる。つまり、重力加速度は振り子の周期と糸の長さが分かれば求められる。この式は大きさのない質点を振り子としているので、振り子自体の大きさを考えると、エッジから球の付け根までの長さを ℓ、球の半径を r とすれば、

$$g = \frac{4\pi^2}{T^2}\left\{(\ell+r)+\frac{2}{5}\left(\frac{r^2}{\ell+r}\right)\right\} \quad \cdots ①$$

と修正される。ここで行う実験では ℓ は約 100 cm、r は約 2 cm なので、$\ell^2 \gg r^2$ となる。すると、$1 \gg r^2/(\ell+r)^2$ であるから①式は

$$g = \frac{4\pi^2}{T^2}(\ell+r)\left\{1+\frac{2}{5}\left(\frac{r^2}{(\ell+r)^2}\right)\right\} \approx \frac{4\pi^2}{T^2}(\ell+r) \quad \cdots ②$$

として計算してもよい。つまり、②の様な近似（記号 ≈）をしても良いことになる。

　物理学や工学ではこのような**近似**手法をよく使う。何が「主要」で、何が「補正」か、両者を見極めるのに非常に便利な方法である。補正を入れると結果が少し修正されるが、補正が主要を超えることはない。②では糸が長いほど近似はより良くなる。逆に言えば、球の半径が糸の長さよりどんどん小さくなれば、②の近似はより良くなり、半径がゼロになったら（∗）式になる。半径がゼロの振り子は大きさのない「質点」に他ならない。

学びの記録

　この実験をすることによって、あなたが共同実験者の友人と相談したこと、「へー、こうなってるのか」と心の中でつぶやきながら発見したこと、そして、「んー、そうなのか」と考えながら賢くなっていったことなど、感想も含めて200字以上で学びの記録を残すこと。

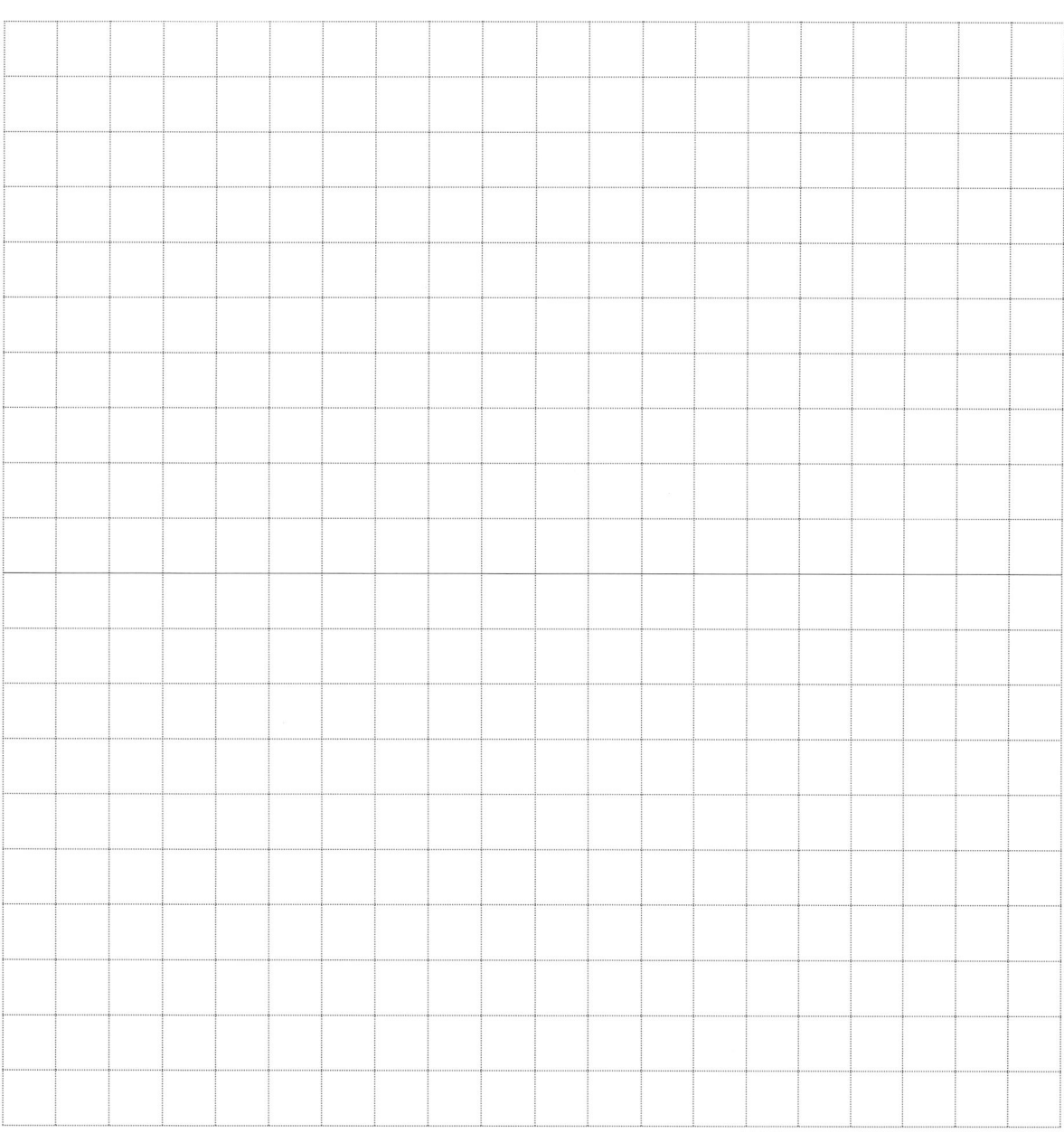

ボルダの振り子

組　　番　氏名　　　　　　共同実験者

実験日　　　　天候　　　　気温　　　　気圧　　　　湿度

【目的】
ボルダの振り子を用いて、実験室の重力加速度 g を測定する。

【測定方法】
① 振り子の周期 T を連続して 200 回まで、10 回ごとの時刻を測定する。
② 記録係は時刻の測定と同時進行で、10 回ごとの差の計算，$100T$ の計算を行っていく。
③ 針金の長さ ℓ，おもりの直径 $2r$ を測定する。
④ 以上のデータから重力加速度を計算する。

【データ処理】

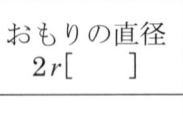

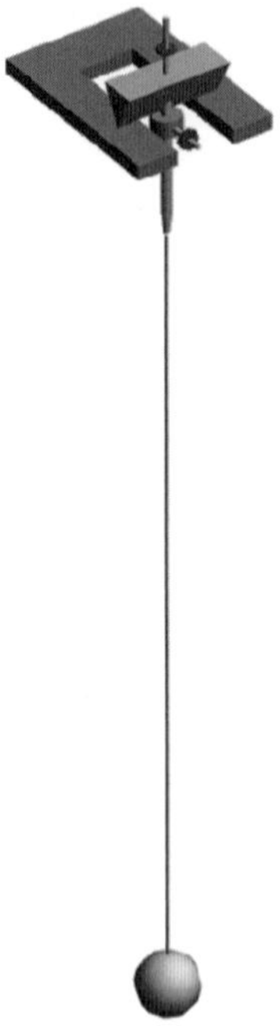

	針金の長さ ℓ [　]
1	
2	
3	
4	
5	
平均	

おもりの直径 $2r$ [　]

0 回目の時刻を測る前にストップウォッチを動かしておくこと。

測定中は一定の位置から針金を見なければならない。
くれぐれも途中で姿勢を変えたりしないこと。

振れ幅はできるだけ小さく（おもりを約 5 cm 引く程度）すること。

針金の長さは支点（エッジ）からおもりまでの長さである。

【測定結果】

回数	時刻 t_1 [s]	10回毎の差	回数	時刻 t_2 [s]	10回毎の差	$100T=t_2-t_1$ [s]
0			100			
10		)	110		)	
20		)	120		)	
30		)	130		)	
40		)	140		)	
50		)	150		)	
60		)	160		)	
70		)	170		)	
80		)	180		)	
90		)	190		)	
		)	200		)	

① $100T$ の平均値から T のより正確な値を計算せよ。

② 測定した場所における重力加速度 $g = \dfrac{4\pi^2}{T^2}(\ell+r)$ を計算せよ。

③ 周期の平均値をとる場合、10回目の時刻 t_{10} と0回目の時刻 t_0 との差を作り、20回目の時刻 t_{20} と10回目の時刻 t_{10} との差を作り、・・・とこのようにして200回まで10回ずつの差を作って平均すると、なぜよくないか。

気柱の共鳴

　笛を吹いたり、ギターの弦を弾くと音がでる。小学生の時に笛を習った際、笛の穴を指で押さえる時に、押さえ方を間違えたりして、最初は上手く吹けなかった人も多いのではないだろうか。ところが練習するときれいに吹けるようになる。実は笛のきれいな音は、特徴的な音波が生じているのである。これは共鳴状態といわれ、音波が互いを強調し合い、定常波を生じさせている状態である。指の押さえ方をきちんと練習してきれいな音がでるのは、**ある条件のもとにしか生じない共鳴状態**を作ることができているからである。

　音波は空気の振動が伝播する現象だが、その振動する部分を作っている管の長さと、管の端が開いているか閉じているかで、生じる定常波の種類が決まってしまう。笛はこれを応用したもので、指の押さえ方で定常波を変えて様々な音を奏でている。本実験で使う装置は、笛を簡略化したもので、水面を可動出来るようにしてある。

　ガラス柱内には水が入っていて、先端からはホースが伸び、その先には水だめがある。この水だめを上下に操作することで、気柱の長さを変化させることができる。ガラス柱の上部に音さを鳴らしてかざすと、管内にも音波は伝わるが、音さの音がしているだけで大きな音は聞こえない。ところが水だめを下げると、**ある高さごとに音が大きく**聞こえる。この時が共鳴状態で、「ある高さごと」というのが「その条件」になっている。具体的には、音波の波長を基準にして決まる、ある「長さ」ということになる。

　なお、水だめをガラス柱内の水面より下にすると水が大量に水だめに流れ、溢れる場合があるので注意しよう。また、水面を下げて共鳴となった時の目盛を読んでいくが、水面の下降が速すぎると目盛の測定を見誤る可能性が高くなり、遅すぎると音さの音が実験室内ではどんどん減衰していくので共鳴が聞こえづらくなってしまう。集中してテキパキとこなすことがポイントである。

　なぜ水だめの高さを変える必要があるのか？　管の開いた口では空気が自由に振動でき（腹）、水面直上では空気の振動がない（節）。そのため、その水面位置は音波の波長の1/4 に等しいだろう。最初の共鳴状態の気柱の長さがそれにちょうど等しいなら、測定はそれだけでよいはずである。しかし、音波の波長は 1 回目の測定値の 4 倍と一致せず、実際には少しずれて長くなっているからである。つまり、音波は開いた口の外まで「飛び出して」振動しているのである。このズレを**開口端補正**と言う。水だめの長さを変えて共鳴状態の場所を 2 回測り、その長さの差から定常波の節と節の長さがわかる。さらに 2 倍すれば、定常波の波長を算出できるのである。開口端補正は大体 1 cm 前後である。

学びの記録

この実験をすることによって、あなたが共同実験者の友人と相談したこと、「へー、こうなってるのか」と心の中でつぶやきながら発見したこと、そして、「んー、そうなのか」と考えながら賢くなっていったことなど、感想も含めて200字以上で学びの記録を残すこと。

気柱の共鳴

組　　番　氏名　　　　　　共同実験者

実験日　　　　天候　　　　気温　　　　気圧　　　　湿度

【目的】
共鳴用ガラス管を利用して、音さの固有振動数を求める。

【測定方法】
① 水だめで水位を淵から 5 cm 程度のところに合わせる。
② 音さを叩いてから図のように管口にかざす。
③ 水だめを 2 cm/s 程度の速さで下げていき、共鳴する位置を求める。
④ 次は共鳴位置より十分低いところから水位を上げながら共鳴する位置を求める。
⑤ ③, ④を繰り返し、第一共鳴点 y_1 と第二共鳴点 y_2 を求める。その都度、気温を測定する。

【問】
気柱内の空気分子はこの時どんな運動をしているか。
この位置の分子が時間を経るとき、どのように運動するかを図示せよ。

音さを叩くときは、気柱管を破損しないように管から離して力強くはじくように叩く。

音が小さくなると、不安になってもう一度音さを叩いてしまいがちだが、共鳴音は元の音より増幅されるので聞き取りやすく、音さを叩き直さなくてよい場合が多い。それでもなお叩き直す場合は、水面を少し戻してからにする。

また音さを叩くときに、大きな音を鳴らしたいという気持ちからか、連続して何度も音さを叩くものが見受けられるが、音さを叩くたびに振動を止めることになり、何の意味もなさないことを自覚しよう。

小中学校で習ったように水位とともに測定者の目の高さも移動させ、目盛りを真横から読み取ること。

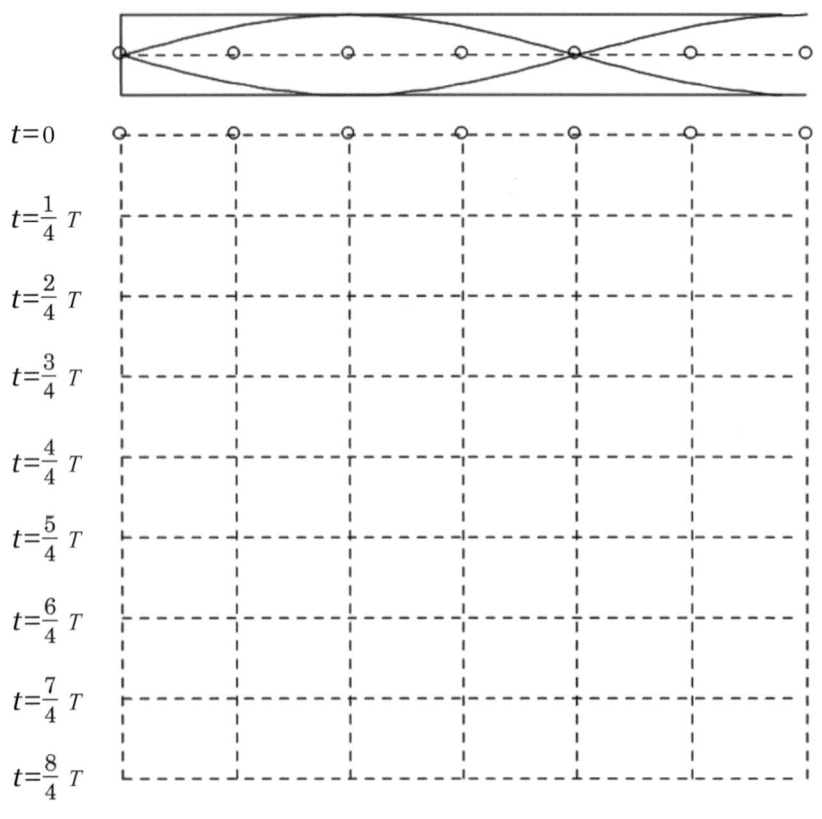

$t=0$

$t=\dfrac{1}{4}T$

$t=\dfrac{2}{4}T$

$t=\dfrac{3}{4}T$

$t=\dfrac{4}{4}T$

$t=\dfrac{5}{4}T$

$t=\dfrac{6}{4}T$

$t=\dfrac{7}{4}T$

$t=\dfrac{8}{4}T$

【測定結果】

	y_1 [ ]	y_2 [ ]	気温 [ ]
1			
2			
3			
4			
5			
6			
7			
8			
9			
10			
平均			

① 気柱内の音波の波長を計算せよ。

② 音速 V を計算せよ。

$$V = 331.5 + 0.607\,t \text{ [m/s]}$$

t：平均気温[℃]

③ この音さの振動数を求めよ。

④ 開口端補正を求めよ。

⑤ 共鳴状態とは何か説明せよ。

凸レンズの焦点距離

　光は波である。私たちに見えるものは、全て光が物体にあたり反射して目に入ってきたものである。レンズはこれら物体の形状や色を伝える光の波をうまく調節する装置である。顕微鏡や望遠鏡、虫眼鏡、自転車のライトにも使われているが、何よりも私たちの目の中にレンズがある。ヒトだけでなく、「目」をもっている生物は進化の過程で環境に対応し、この「凸レンズ」を獲得してきたのである。

　凸レンズの使い方には 2 通りある。**虫眼鏡**として使うとき、最初はぼやけた像だが、手前や奥にと少し動かすときれいな虚像を結ぶ。ここで行う実験では、**カメラ**に利用されている方法で実像を観測する。レンズから対象物までの距離を a、レンズから像までの距離を b、レンズの個性である焦点距離を f とすると、

$$\frac{1}{f} = \frac{1}{a} + \frac{1}{b}$$

という式が成り立つ。この関係をレンズの公式という。私たちの眼球内にもレンズがあると述べたが、凸レンズを通して周囲の映像情報を取り入れ、それを網膜に写し、視神経を通して脳に情報を送っている。この網膜に映すときに、「上手く映像が結べない」のが「視力の悪さ」である。メガネやコンタクトレンズは、この映像を上手く結べるように、眼球の前に別のレンズを置くことで調節している。

　光にはいろいろな色がある。信号を例にとると、青・黄・赤の色があるが、太陽光は何色だろうか？　なんと無色である。これは「**何色でもないが、何色をも含む色**」のことで、非常に多くの色が混ざっているのである。小中学生の時に、三角形のプリズムやガラス片に太陽光を通すと虹色に分かれる実験をしただろう。それまで何色でもなかった太陽光が多様な色を示すことに驚いたはずだ。実は光の色の違いは周波数の違い（波長の違い）である。紫色の光は周波数が大きく（波長が短く）、赤色の光は周波数が小さい（波長が長い）。なんと光はどの色でも速度は同じである。

　波は振動が伝わっていく現象であるが、あらゆる色が混ざっている太陽光というのは、実はあらゆる方向に振動している。この性質を理解できるのが偏光板で、特定の振動方向だけの光を通すシートである。真横にのみ振動する光を通す偏光板の後ろに、鉛直にのみ振動する光を通す偏光板を立てると、その後ろには光は進んでいけないので、黒く見える。光の波が横波であることの証拠でもある。この偏光板の性質を利用した代表的なものが、サングラスである。ちなみに、音波は縦波である。

学びの記録

　この実験をすることによって、あなたが共同実験者の友人と相談したこと、「へー、こうなってるのか」と心の中でつぶやきながら発見したこと、そして、「んー、そうなのか」と考えながら賢くなっていったことなど、感想も含めて 200 字以上で学びの記録を残すこと。

凸レンズの焦点距離

　　　組　　　番　氏名　　　　　共同実験者

実験日　　　　天候　　　気温　　　　気圧　　　　　湿度

【目的】
凸レンズの焦点距離を、レンズの公式から求める。

【原理】
凸レンズの焦点距離を f

十字板からレンズまでの距離を a

レンズから実像までの距離を b とすると

$$\frac{1}{f} = \frac{1}{a} + \frac{1}{b}$$

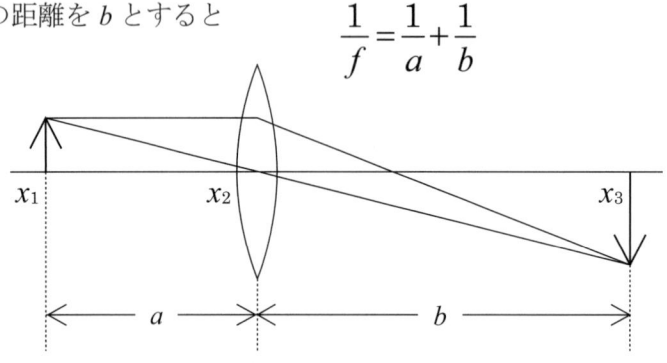

【実験方法】
(1) 光源，十字板，凸レンズ，スクリーンの順でセットする。

(2) レンズを適当な位置に置き、スクリーン上に十字線の像を結ばせ、像の中央にホワイトボード用マーカーで印をつける。

(3) レンズを移動させて先ほどとは大きさの異なる像を結ばせて、像の中央が先ほどの印と一致するように、レンズの高さと左右，十字板の高さの調節を繰り返す。

このようにして、レンズの光軸と十字板の中心が一直線になるようにしている。

(4) スクリーン上に鮮明な、しかも像の周辺部に赤みや青みがついていない像を結ばせて、十字板，レンズ，スクリーンの位置、つまり x_1, x_2, x_3 を読み取る。

本実験では測定は 0.1 cm まで読み取ることとする。

(5) 十字板，レンズ，スクリーンの位置を変えて、(4)の操作を繰り返す。

(6) 実験データの表を埋め、レンズの焦点距離 f を求める。

本実験では f は a, b の値にかかわらず、常に有効数字 3 桁まで求めることとする。

【測定結果】

	x_1 [ ]	x_2 [ ]	x_3 [ ]	a [ ] $|x_2 - x_1|$	b [ ] $|x_3 - x_2|$	f [ ]
1						
2						
3						
4						
5						
6						
7						
8						
9						
10						
					平均	

① 実像と虚像を区別して説明せよ。

② スクリーン上の像の周辺部に色がつくのはどうしてか。図を用いること。

③ レンズの下半分を何かで覆うと像はどのように変化するか。

④ カメラの原理を体験して、普及しているカメラについて $a \gg b$ であることを確認せよ。

-33-

AC 周波数（メルデの実験）

現代の私たちは電気無しには生活ができないと言っても過言ではない。家庭に来ている電気は周期的に電流の向きが変わる交流で、その周波数 f（frequency）は東日本では 50 Hz、香川県のある**西日本では 60 Hz** である。

本実験では、香川県における交流の周波数を、身近にあるコンセントから電源を取り、実際に 60 Hz となっていることを確かめよう。銅線をピンと張って弦を作り、その弦をU字磁石の中央に置く。銅線に電流が生じると銅線中の電子は力を受ける。この力が弦を揺さぶり、弦の長さを変えると定常波が目視できるほどの振幅で生じる。この振動を弦の固有振動という。これは電流の向きが周期的に変わり、**ローレンツ力**が周期的に方向を変えるからである。弦の固有振動数 f は交流の周波数 f に等しく、弦の長さを ℓ、線密度 ρ、弦にかかっている重りの重力（つまり張力 T）を用いて、$f = \dfrac{1}{2\ell}\sqrt{\dfrac{T}{\rho}}$ と書ける。

2011 年 3 月 11 日に東日本大震災が起きた。津波の影響で福島第一原子力発電所が制御不能となり、メルトダウン（炉心溶融）が起こってしまい、発電能力損失どころか水素爆発までもが起こり、放射性物質を周囲に撒き散らしたチェルノブイリ原発事故に匹敵する事故になってしまった。東京電力管内では電力供給がおぼつかなくなり、計画停電が実施され、首都圏では主要交通機関が減便となるなど、日常生活に影響が出た。

「それならば、計画停電の時には、西日本から東日本へ電力を送ればよい。電気は光の速さで伝わる（つまり地球上では「一瞬」である）ので、西日本各地から送電すれば、援助することができるのではないか？」と多くの人が思った。しかし、**西日本と東日本の周波数が違う**ため、周波数を変換する必要があったが、装置はあっても、大量の電力を変換できる設備がなかったために送電できなかったのだ。

さて、地球上なら電気は「一瞬で」伝わっていくと述べた。電流の方向は電子の流れの逆であるが、電子が銅線中を本当に一瞬で飛んで行くのだろうか？ スイッチを入れた時、電源から出た電子が「一瞬で」ライトやモーターなどへ銅線中を飛んでいくわけではない。銅線（金属）中の電子は非常に遅いのである。金属中の原子や他の電子と繰り返し衝突しながら進んでいるために、およそ秒速 0.1 ミリメートル（0.1 mm/s = 1.0×10^{-4} m/s）しかない。非常に小さい電子にとってみれば 1 秒で長距離を移動しているようだが、地球上を「一瞬で」伝わるとは言えない。約 900 km/h で飛ぶジェット旅客機の秒速は 250 m/s で、約 40000 km の地球を 1 周するのに、飛行機ですら丸 2 日も掛かってしまう。一瞬で伝わっているのは電子ではなく、「電場」という空間の「雰囲気」である。光速で伝わる電場に興味がある人は電磁気学を勉強すると良い。

学びの記録

この実験をすることによって、あなたが共同実験者の友人と相談したこと、「へー、こうなってるのか」と心の中でつぶやきながら発見したこと、そして、「んー、そうなのか」と考えながら賢くなっていったことなど、感想も含めて200字以上で学びの記録を残すこと。

AC 周波数（メルデの実験）

組　　番　氏名　　　　　共同実験者

実験日　　　天候　　　気温　　　気圧　　　湿度

【目的】
Meldeの実験を応用して交流の周波数を求める。

【測定方法】
① 装置を組み立て、銅線をまたいで磁石を置き、支柱の位置を調節して針金に横波の定常波を作る。
② おもりによる張力を変化させて、定常波の振幅が最大となるときの支柱A，B間の距離ℓを5回測定する。

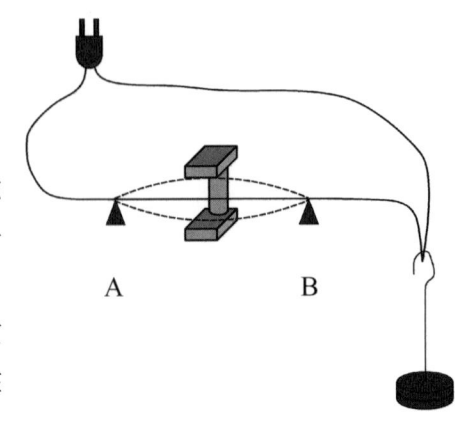

【測定結果】
①およびおもりの質量

皿の質量 M_0 [　　]	おもり1の質量 M_1 [　　]	おもり2の質量 M_2 [　　]

③ 支柱A，B間の距離

	ℓ_1 [　　] (皿+おもり1)	ℓ_2 [　　] (皿+おもり1+おもり2)
1		
2		
3		
4		
5		
平均		

	直径 d [ ]
1	
2	
3	
4	
5	
平均	

① 直径 d, 長さ ℓ, 質量 m の針金を図示し、針金の線密度 $\rho = \dfrac{m}{\ell}$ を銅線の直径 d と密度 σ で表せ。

② 実験に用いた銅線の線密度を計算せよ。密度は（$\sigma =$　　　　　　　　）を使うこと。

③ （皿＋おもり1），（皿＋おもり1＋おもり2）のそれぞれの場合について、交流の周波数 f を求めよ。
　　重力加速度は測定都市のもの（$g =$　　　　　　　　）を使うこと。

④ 下図のように電流が流れているとき、針金の P 点はどちら向きに力を受けるか。
　　また、この力を何というか。

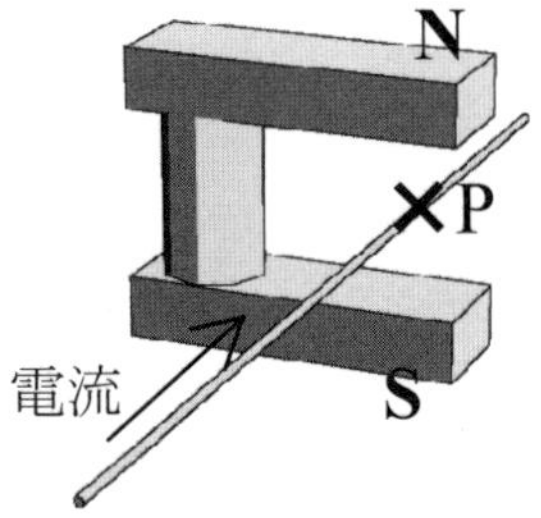

―37―

MEMO

「学びの記録」の導入経緯と実践報告

　かつて2年生の物理実験は年間26テーマ（割り当て時間は平均1テーマ45分）もあり、座学での検定教科書との相性が悪く、実験は作業のようになっていた。2009年の高専の高度化再編のため、物理の単位数は2年生4単位から3単位へ変更し、物理学実験は2年生の後期8テーマに削減した。さらに、実験中の課題を絞り込んだ上で、反省・考察をなくして、200字以上の作文を導入した。1年生では週1コマ90分で力学を学んでいる。8テーマは2年生後期を二分（40人クラスを4班に分けて各週に1テーマ実施、4週で終了）し、1テーマを90分で取り組んでいる。何度も消せる厚手の紙の書き込み式で、グラフ用紙はミシン目をつけて8枚を用意した。

　実験中の課題を少なくすることにためらった、あれもこれもさせたい教員が実験中に感じた課題は、「教えたくてもぐっとこらえること」である。学校行事などの時間的制約があるときには「こうするの」と言ってしまうのだが、課題を少なくしたことで時間に余裕ができ、生徒間で話し合う機会が増えた。また、グラフを描くことに慣れていないため、やり直しをじっくりさせることも可能になった。さらに、「学びの記録」に10分以上は時間をかけていて、彼らなりの表現があるがゆえに、生徒の実験との関わりを私たちが確認できた。「なぜ実験をするのか？」と「どのように実験をするのか？」は有効数字の説明とともに90分1コマをかけて説明している。私たちにとっては当たり前のことであっても、彼らにとってはそうではないことをまとめている。ねつ造などの不正についての教育は新聞記事なども利用し、高専の卒業生の大半が工業系の職につくために、技術者倫理教育の一環として位置づけている。

　「学びの記録」については原稿用紙に似た升目をつけたことが功を奏して、一部の生徒は無理に改行して200字を稼ぐこともあるが、彼らなりの言い回しで実験を振り返っていると思う。行った実験で学んだことが頭の中でぽつんと孤立することもあるが、なんらかの記憶や事象と関連付ける活動を見て取れ、「学びの記録」の導入にほっとさせられた時が多くあった。以下に、4クラス（学科）約160人分の記録の一部を引用する。誤字は訂正するが、ひらがなはひらがなのまま転記する。必要に応じて注釈をつける。

自由落下運動

(記録テープによる実験、軸設定の見本図を1人ずつ用意、
v–t図とy–T図の描画、但しv–tは平均の速さ、yは変位、$T=t^2$)

- 進化しな、ポケモンみたいに。(注：より賢く成長しなければという表現)
- 2つのグラフからgを求めて、ほとんどビンゴだったことに感動した。今まで自由落下がよくわからなかったが、すごくすっきりした。基礎力学の授業がより理解が容易になったような気がした。(注：基礎力学は土木系専門科目)
- v–tグラフの傾きから加速度を求めれることは1年生のときに学んでいましたが、今回初めてy–Tグラフというものを知り、ちょっと計算をまちがえたりもしましたが、y–Tグラフの傾きからgを求めれることがわかり、驚きました。
- 過去の実験の中で一番頭を使ったと思う。かなりの時間がかかったが、出てきた時にはすごい発見をしたような気分になった。(注：クラスを4班に分けて4テーマを4週間で終了させるように運営)
- 共同実験者と問題を考えるのは良かった。
- たとえちゃちな実験でも世の真理がつまっているのだからびっくりだ。
- 自分たちで初めから決まっている公式を一から検証していくというのは興味を持って楽しむことができた。
- こんなに考えながら自分でグラフを作ったのは初めてです。
- グラフ用紙を斜めから見た時も大発見に感じました。(注：グラフ用紙面の法線方向から視線を大きく傾け、紙面とほぼ水平に点たちを見ると1点に集まる)
- 問題を解くために公式を使うだけです。ですが、今日、実験をして私でも正しいかどうか確かめることができました。
- 重力加速度から遠い数値になったときは3人で考えて、すぐに2倍だということに気がつきましたが、なぜ2倍なのかが分からず悩みました。でも悩んで考えて話し合ったから納得できたのだと思います。
- 中学校の記録タイマーの計測よりかなり深い見方ができて良かったです。
- 他のグループと比べて分かったことは、おもりの重さに関係なく重力加速度が同じだということだ。授業で習って知っていたけどこの実験を通して証明されたので気分がスッキリした。(注：落下させるおもりのゴム栓は大中小3種類を用意し、好きなものを選んで実験を実施)
- やることは単純だけど、とても細かい作業だったので、とても目が疲れました。でも、うまくできた分、達成感も大きくて楽しかったです。

固体の比熱

(混合法による実験、未知の試料は3種から選択)

- 水の質量がどんなに増えても比熱が変わらないことを再確認しました。
- たった数秒でそんなに変わるものかと疑問に思った。しかし、考えてみると、96 ℃の物体を 24 ℃の空気中に入れたのだから、勢いよく熱を奪われても納得できる。
- 何度もやっているうちに正しい値をだしたいという気持ちになりました。
- 金と銀を溶かしてお互いに混ぜ合わせ合金を作った場合、比熱はどのように変化するのだろうか？とたくさんの疑問も浮かんできた。
- 金属によって比熱が違うことを知らなかったし考えてもなかった。金属は全て同じように熱を伝えると思っていた。
- お風呂に入っているときに、蛇口にお湯をかけると、お湯が冷える理由も比熱によるものなんだなーと思いました。(注：湯船でつかりながら遊ぶ)
- 本で調べたとき、水の比熱が他の物質の何倍もあることに驚いた。
- 今まで比熱や熱量保存の法則などの理論は本当にそうなのかと疑問に思っていた。しかし、この実験で納得することができた。実験をする際は、何か目的を持って、実験をする意味をつねに感じられるようにしていきたい。
- 将来、自分が作った論文にのせた実験が正確でないと、それは評価されません。だれがやっても同じ結果でデータがでないといけません。実験で大切なのはそういう事だと思います。この事を間違えてから分かりました。
- 母が「銅の鍋はよい」と言っていましたが、それは比熱が他のものよりも低くあたたまり易いからなのではないかと思います。(注：比熱と熱伝導とは違うけれども、すばらしいコメント)
- 温度を測るときに最初はすごく上昇していたのに最後は止まっていたので、目には見えないけど、熱量が移動しているのが分かりました。
- あんなに熱い試料を入れたのにあまり水の温度が変化しなかったことにびっくりした。
- 様々な物質の比熱を参考文献をみて調べた際、水の比熱はとても大きいものだと知れた。中学の時に陸地と海だと海のほうが温まりにくく、冷えにくいと教わったが、比熱の実験を通してより理解が深まったと思う。

運動量保存の法則

（レール上の台車合体実験、衝突の直前直後に簡易速度測定器を使用、
軸設定の見本図1人ずつ用意、
3種類の $V-v$ 図の描画、但し v は衝突前、V は衝突後の速さ）

- 何回も何回も実験を行う大切さを知ることができた。
- 台車を走らせるのは楽しかった。童心に帰ったような気持ちで結構興奮していた。
- 実験を繰り返していくうちにいろいろと考えて試してみたりするのは大変だったけど楽しくできたと思う。
- 実験の結果と公式にあてはめてでてきた理論値がけっこう近く、計算していて気分が良かったです。今まではテストに出るから公式を丸暗記する程度で何も発見がありませんでしたが、こうして実験をして、楽しく公式や原理を考えることができました。
- 実験を何回も何回もしましたが、正しい値が出た時はむちゃくちゃ興奮しました。グラフを正しくきれいに短時間で書けるようになってるなと思いました。やはり、練習していれば力がついてるなと思いました。
- 空気抵抗や摩擦力で結果がおかしくなると思ったけど、ほとんど誤差なく測れたので、日常でも同じようなことがおきているんだと思った。
- 宇宙空間のような無重力の状態でも機会があれば実験をしたい。
- 授業では言葉や式としてしか理解できなかった運動量保存の法則を、実際に目で見て手を動かしながら自分で発見していくのは、とても自分のためになったし、今まで以上に深く理解できた気がした。
- 遅く終わって気まずく帰るよりこうやって早く終わって400字書いた方が何倍もマシだと思う。（注：制限時間内で終わらずに居残って実験するよりも「学びの記録」をびっしり書くのがよいという意味）
- 自分が勉強してきた公式が嘘でないことが分かってよかった。
- 正直、楽しい遊びのような実験ですが、きちんと値が出ました。楽しみながら頭に入るなんて最高ですね！
- 今回は先生が教えない方針だったので、自分達でやるぞという様な気持ちになれて、とても勉強になりました。
- 3次元の空間でもこのことが成り立つのか疑問に思った。
- この班員は3回目だったけど、実験回数ごとにマジメさがアップしてきているように思います。人間は進歩するということが分かりました。

等速円運動と向心力

(釣り糸にゴム栓をつけて回す実験)

・円運動はピンと来ていなかったのだが、実際に実験してみると力がどのように働いているかがよくわかった。向心力を生み出す重りがなかったら、ゴム栓は飛んでいってしまう。コーナーを曲がる自転車もがけ下に転落してしまう。
・運動方程式は万能だと思った。
・運動方程式がこんなにも汎用性の高い公式だとは思っていなかったのでおどろいた。ゴム栓を振り回すというとても単純なことにこんなにも物理の仕組みがつかわれていてすごいと思った。実験や計算を友人と右往左往しながら進めていくことは楽しかった。
・ゴム栓は解き放たれたくて外側に力を働かせ、ナットは地球に引っ張られ、ひもはゴム栓をひっぱり、ナットに引っ張られる関係がなんかおもしろい。
・向心加速度や向心力の大きさが分かると運動方程式からゴム栓の質量が出てきた時はびっくりした。
・今回は友人のゴム栓の回し方のうまさや、導出のための式の提案など友人に多く助けられた。特に、ゴム栓の質量が計算結果と一致したときにはつい声をあげてしまった。
・グラフで $1/T^2$ を横軸にとることで、反比例をわかりやすくしているのは、自由落下の実験のときに横軸を t^2 としてとったのと似ていて便利だなーと思った。運動方程式を用いることで、おもりのゴム栓の重さが割ときれいに出たのは、スカッとした。
・$F=ma$ はすべての運動に応用できると習ったが実際に最後の測定結果からゴム栓の質量を求めることができた。ゴム栓をはかりで量った値とほぼ同じだったのでスッキリしたし、物理実験の意義が少し分かった気がした。
・自分たちで実験をして考えながらグラフを書いたので、まえよりもよく理解できるようになりました。
・自分で物を回している時には意識していなかったが、本当に円運動には中心に引っ張る力によってうごいているんだなと実感できた。T が一定の時に F と r が比例する。これがグラフを書いている時にようやく理解出来た。
・半径 r を一定にし、おもりの重さを変えると、おもりの数が多い方が周期が短くなっていた。意外だった。

ボルダの振り子

- 今までにしてきた実験の中で最も緊張した実験だった。肉眼で測定したにも関わらず、かなり正確な結果がでたのでおどろいた。
- 自分の理論が間違っていたなら、これを素直にうけとめ、そのたびに成長できるようになりたいと思う。
- 自由落下で重力加速度を求めた時より高度な実験だった。振り子が振れているのを見て、高松の重力加速度が出た時は、ものすっごい達成感が得られた。
- 今回の実験では己の短気さというものを思いしらされた気がした。何度も何度も思っていた通りの結果がでなくて、イラついてしまった。弁明の余地があるとすれば、決して共同実験者にイラついたのではない。いよいよポンコツになってきた自分自身にイラついたのである。
- 重力の弱い月の重力の値も測定したいと思ったし、測定場所を変化させると地球と同じように重力の値が変化するか気になった。月の重力が一番弱いとこはどこなんだろう？
- 最後の考察では頭を悩ませた。先生のヒントがなければ正直、思いつきもしなかっただろう。一点からしか物事を見つめられなかったのが原因である。
- 周期の平均をとる計算は初めなぜだめなのかわからなかった。文を読みながら考えていたら、ふと部分分数の考え方がよぎり、その応用的な感じで考えることができた。
- 測定値より求めた重力加速度の値は、理論値とかなり近似した値となり、とても気持ちがよかった。実験のおもしろいところは、こういうところにもあるのだと思った。
- 振っているとだんだん振れ幅が小さくなると思っていたが、ほぼ一定の同じ振れ幅で延々と振っていて驚いた。
- ゆれる振り子をじっと見ていたらだんだん哲学的なことまで頭にめぐってきてしまった。
- 今までの苦労がやり方一つで水の泡になるなんて恐ろしい…。
- 今までも知らず知らずのうちに捨ててきたデータがあると思います。
- 階差数列がこの実験で役に立ったことがよかった。
- 仮に北海道の人がおなじ実験をしていたら、北海道のほうが重力加速度が大きいと考えられる。地球の遠心力などもこの実験からだせると思う。
- アゲイン！の多いこの実験でアゲインをもらわず終わることができたので、ちょっとだけじまんしたいと思います。（注：アゲインはやり直しの意味）

気柱の共鳴

- 縦波を横波に表した波形を見て初め全然理解できず分かりませんでしたが、友達と相談しているうちに記憶がよみがえり理解することができました。
- 音速はいつでも 340 m/s ぐらいだと思っていたが気温が音速に大きく影響するということは初めて知った。
- 振動を意識してそう音対策や工業製品のナットのゆるみ対策等にいかしていきたいです。
- 今回の実験は、とても単純だけどすごくおもしろかった。音さの音が共鳴したときに、少し感動して思わず歓声を上げてしまいました。
- 習った式から、波長λや振動数を求めることができてテンションが上がった。
- 共鳴実験では、測定者に優しい実験を心がける、ということを学びました。水だめをどの地点でゆっくり下げるかによって、実験のデータの精度が随分と変わるんだということがよく分かったので、次回から実験書に書いてある手順にプラスアルファで何かしらの工夫をしていきたいと思います。
- 共鳴管に手を置き口をふさいだ。そのまま、水だめを下に下げると、手が吸いこまれるような感じがする。
- 自分の声で、気柱の高さを使って何Hzになるか調べたいと思った。
- 実験を行うと、実験したことに関連して、さらに気になることがでてきて、面白い。
- 音は目に見えないが、耳では存在として確認できる。実験は、目に見えなくてもできるのだなと思いました。
- 今回の実験はすごく身近に感じられるもので、すごく取り込み易かったです。というのも、自分は趣味で幼い頃から弦楽器をやっていて、その奏法の一つのハーモニクスと原理が全く同じだからです。
- 疎や密についても授業でやると何の事か正直分かりませんでしたが、自分で作図すると、なんで、どの様に現象が起きているのかわかりやすかったです。
- 疎と密を理解した時に、教室で見たバネの疎密波と音が一致した気がした。
- 小さいころにビールびんを吹いてすごい音が出た。そんな感じの音を、今日の実験で共鳴したときに聴き取った。「ブォーン」という低い音である。小さいころのビールびんの音も共鳴によるものなのだと分かりました。
- 固有振動数のことなんて今まで考えたこともなかったが、昔遊んでいたブランコも、無意識のうちにブランコの固有振動数に合わせて周期的に力を加えていたことが分かった。

凸レンズの焦点距離

- 虹は太陽の光でのみ現れるような印象があったので、机の上の白熱電球の光にも色があるというのは意外だった。
- 屈折のせいで色が付くことを理解した時「なるほど！」と思った。
- 十字板を使っているだけでは、色についてわかりにくかったけど白熱灯を使い手をかざしたり色のついたペンなどをかざしてみると、くっきりとその物体の色がスクリーンにうつり、わかりやすかった。
- 今回の実験は文章での説明が多かった。問われていることが自分では理解できていても、文章で表すことは難しいと思った。
- レンズの下半分かくすとどうなるか？は中学で習ったことを再確認できた。
- 分光器を使うと白熱電球の色が実は、赤、橙、黄、緑、青、青紫、紫の集合体であることが分かった。「何色でもないが、何色をも含む色」という意味が理解できた。光の屈折率のお陰で、世界はこんなにも美しいのかとちょっぴり感動した。
- 白熱電球のフィラメントの像がみえたときはとても楽しかった。
- スクリーンにクラスメイトの姿が映ったときは感動した。カメラの仕組みは前からどうなっているのか気になっていたので知ることができて良かった。
- 1年前に2重の虹を見たことがあるが、あれはどうして2重に見えたのかも不思議だと思った。
- 光や音とか自分の中では「堅い」「苦手」という意識がありましたが少しやわらかく感じました。
- インスタントカメラのあの小さい機械の中にもちゃんとレンズの焦点距離が計算されているのかと思うと日本の技術力の高さは大したものだと思いました。
- 焦点を合わせる作業は時間がかかって大変だった。この作業をヒトなどの生物は瞬時に行っていることはすごい。
- 電球の後ろにある自分の手が、映像のようにスクリーンに映っていて実際にカメラの原理を知ることができた。
- 光源からレンズまでの距離があまりに近いと実像をスクリーンに写すことはできなかった。
- カメラの原理を確かめるために、スクリーンに教室を映したら、H君の顔が見えたので、少し笑ってしまった。

AC 周波数（メルデの実験）

- 人によって、ここが一番の定常波だと考えるのは違うので、そこが違えば後々の計算がだんだんとずれてくるので、より他の班の結果と見比べると、新たな発見や面白さができました。ここが実験において大切な部分ではないかと思います。
- 2000 g や 3000 g の大きな力で引っ張られている銅線を振動させることができるのだから、ローレンツ力はなかなか大きな力なんだと驚かされた。
- 銅線を伝う電流は見えないけど今日は振動として電流を見ることができた。
- 今回の実験の内容を聞いたときに、この実験で周波数が出るなんて、イメージがうまくできなかった。西日本の周波数が計算できたとき、感動した。
- 香川県にはちゃんと 60 Hz の電流が流れていることが改めて分かった。
- 支柱の位置が少し違うだけで、銅線がいきなり振れ出したことが、とても驚きましたし、どうしてこんなに変化するのかと疑問に思いました。
- 針金がもの凄い速さで振動してうすく広がっているように見えて凄かった。何か振動をしたりしなかったりする部分があって苛々した。電力供給量が一定じゃなく微妙なばらつきがあるんじゃないかと思った。振動が激しく、物を切断したりするのに使えるんではないかと思った。
- なんで電流を流したら銅線が振動したのか少し不思議だった。
- 磁力や電流、重力など、目に見えない事柄を考えるのは難しいと思った。
- 中学校の知識を使って理解できることに驚きました。
- 電流や磁力を極度に大きくすれば、物質が受ける力は非常に大きくなるのでは？そういう実験もしてみたいと思う。
- 身近にある電源で実際にこんな実験ができるのはちょっと不思議なように感じた。直流電源で行ったときには実際に一方向に動こうとするのかも少し見てみたいと思った。
- 弦がより大きく振動しているのは音が出てくるので、よく分かった。
- 最初は、なんで震えているのか解らなかったし、磁石の必要性にだれも気付いていなかったけど、実験を通してなんで震えるのかよく解りました。
- 見えない電気でも調べる方法があることがすごいと思いました。
- 直流になっている乾電池などでは、この実験は成立たないと思う。
- 100 Hz や 200 Hz といったコンセントは存在しないのだろうかと疑問を持った。

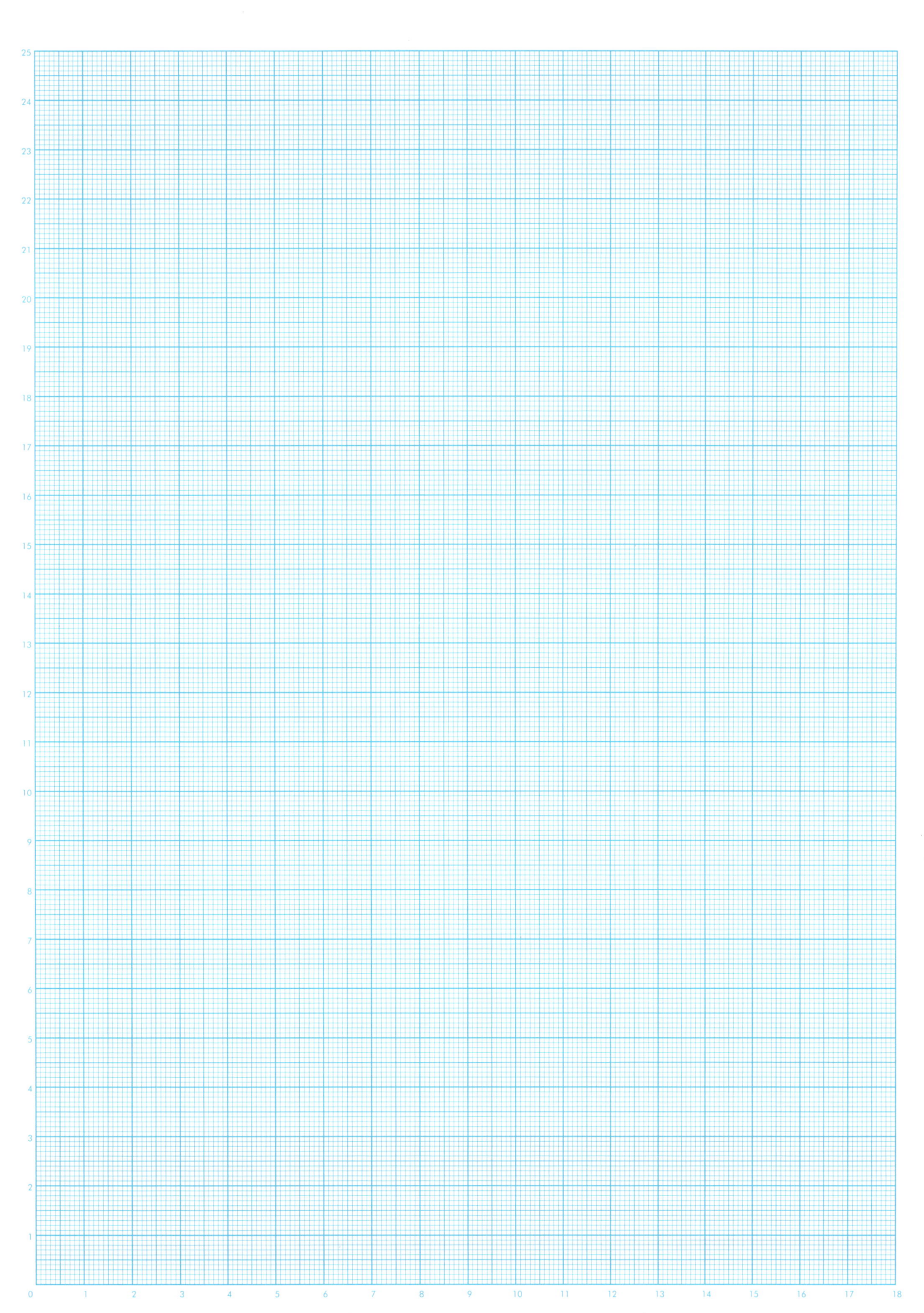

1mm (250×180)

―― 著 者 略 歴 ――

沢田 功（さわだ いさお）
1995 年　名古屋大学大学院理学研究科博士課程後期課程修了
博士（理学）
現在　香川高等専門学校一般教育科教授
著書　『技術者のための微分積分学』（共著、森北出版）
　　　『水平線までの距離は何キロか？』（祥伝社）

遠藤 友樹（えんどう ともき）
2006 年　京都大学大学院理学研究科博士後期課程修了
博士（理学）
現在　大阪産業大学　全学教育機構　准教授

中島 香織（なかじま かおり）
2003 年　岡山大学環境理工学部環境物質工学科卒業
学士（環境理工学）
現在　香川高等専門学校技術職員

©Isao Sawada, Tomoki Endo, Kaori Nakajima 2014

物理学実験の実践ノート

2014年　3月10日　第1版第1刷発行
2018年　2月15日　第1版第2刷発行

著者　沢田　功
　　　遠藤　友樹
　　　中島　香織

発行者　田中　久喜

発行所
株式会社　電気書院
ホームページ　www.denkishoin.co.jp
（振替口座　00190-5-18837）
〒101-0051　東京都千代田区神田神保町1-3 ミヤタビル2F
電話(03)5259-9160／FAX(03)5259-9162

印刷　創栄図書印刷株式会社
Printed in Japan／ISBN978-4-485-30080-0

- 落丁・乱丁の際は，送料弊社負担にてお取り替えいたします．
- 正誤のお問合せにつきましては，書名・版刷を明記の上，編集部宛に郵送・FAX（03-5259-9162）いただくか，当社ホームページの「お問い合わせ」をご利用ください．電話での質問はお受けできません．

JCOPY 〈㈳出版者著作権管理機構　委託出版物〉

本書の無断複写（電子化含む）は著作権法上での例外を除き禁じられています．複写される場合は，そのつど事前に，㈳出版者著作権管理機構（電話：03-3513-6969, FAX：03-3513-6979, e-mail：info@jcopy.or.jp）の許諾を得てください．また本書を代行業者等の第三者に依頼してスキャンやデジタル化することは，たとえ個人や家庭内での利用であっても一切認められません．